东北粮食主产区
农业气象要素图谱

李永利　张德龙 等　编著

气象出版社
China Meteorological Press

内 容 简 介

本书针对东北粮食主产区玉米、水稻、春小麦、大豆等粮食作物的农业气象灾害要素,利用克里金插值、反距离加权插值方法等对气象要素进行空间插值,按照 1981—2015 年、1981—1990 年、1991—2000 年、2001—2010 年四个不同时段,基于 ArcGIS 研制作物气象灾害信息图谱,揭示了东北粮食主产区的作物气象灾害时空分布规律,可以为不同农业气象灾害未来变化趋势的分析预判提供基础支撑。本书可供气候、农业、生态和环境等相关领域的科研人员、政府管理部门以及高校师生参考。

图书在版编目(CIP)数据

东北粮食主产区农业气象要素图谱 / 李永利等编著
. — 北京 : 气象出版社,2020.9
　ISBN 978-7-5029-7277-6

Ⅰ.①东… Ⅱ.①李… Ⅲ.①粮食产区-农业气象-东北地区-图谱 Ⅳ.①S16-64

中国版本图书馆 CIP 数据核字(2020)第 172887 号

东北粮食主产区农业气象要素图谱
Dongbei Liangshi Zhuchanqu Nongye Qixiang Yaosu Tupu

出版发行 : 气象出版社			
地　　址 : 北京市海淀区中关村南大街 46 号		**邮政编码** : 100081	
电　　话 : 010-68407112(总编室)　010-68408042(发行部)			
网　　址 : http://www.qxcbs.com		**E-mail** : qxcbs@cma.gov.cn	
责任编辑 : 周　露		**终　　审** : 吴晓鹏	
责任校对 : 张硕杰		**责任技编** : 赵相宁	
封面设计 : 刀　刀			
印　　刷 : 北京建宏印刷有限公司			
开　　本 : 710 mm×1000 mm　1/16		**印　　张** : 4.5	
字　　数 : 90 千字			
版　　次 : 2020 年 9 月第 1 版		**印　　次** : 2020 年 9 月第 1 次印刷	
定　　价 : 40.00 元			

前　　言

本图集是国家重点研发计划项目"粮食主产区主要气象灾变过程及其减灾保产调控关键技术"课题"主要粮食作物气象灾害发生规律及指标研究"专题"气象灾害大数据标准化与质量控制方法研究"（2017YFD0300401-04）的研究成果之一。为了揭示东北粮食主产区的作物气象灾害时空分布规律，针对玉米、水稻、春小麦、大豆等粮食作物的农业气象灾害要素，利用克里金插值、反距离加权插值方法等对气象要素进行空间插值，按照 1981—2015 年、1981—1990 年、1991—2000 年、2001—2010 年四个不同时段，基于 ArcGIS 研制作物气象灾害信息图谱，为分析预判不同农业气象灾害未来变化趋势提供基础支撑。

本图集由内蒙古自治区气象信息中心李永利负责结构设计与组织编写，张德龙、何学敏负责数据整理与统计，徐艳琴负责图谱制作，王英、刘天琦、于溥天负责图谱整理与校对。由于编者水平有限，难免有疏漏或不完善之处，敬请读者批评指正。

在本图集的编制过程中，中国农业科学院农业环境与可持续发展研究所孙忠富、郑飞翔等专家给予了大力指导和帮助，在此谨致衷心的感谢。

编者

2020 年 6 月 5 日

要素说明

1. 高温日数:日最高气温≥35℃日数。
2. 低温日数:日最低气温≤2℃日数。
3. 暴雨日数:日降水量≥50 mm日数。
4. 大风日数:日平均风速≥17.0 m/s日数。
5. 晴天日数:日照百分率≥60％日数。
6. 寡照日数:日照百分率<20％日数。

目　　录

插图目录

1. 年平均气温

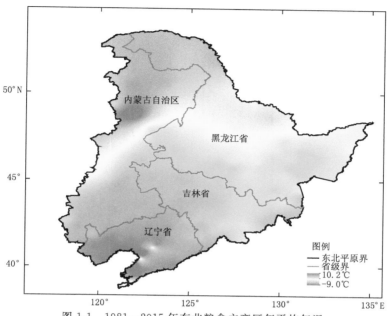

图 1-1 1981—2015 年东北粮食主产区年平均气温

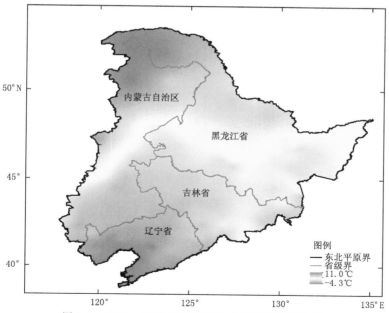

图 1-2 1981—1990 年东北粮食主产区年平均气温

图 1-3　1991—2000 年东北粮食主产区年平均气温

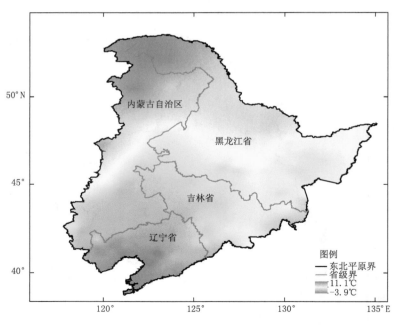

图 1-4　2001—2010 年东北粮食主产区年平均气温

2. 年平均最高气温

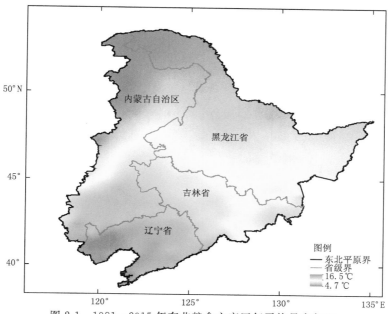

图 2-1   1981—2015 年东北粮食主产区年平均最高气温

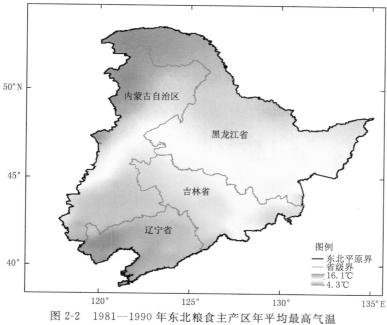

图 2-2   1981—1990 年东北粮食主产区年平均最高气温

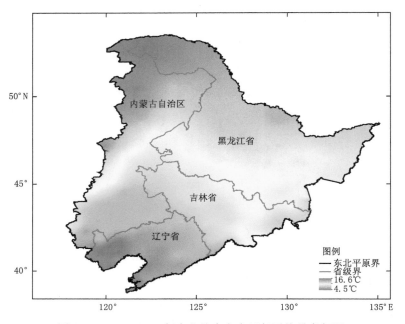

图 2-3　1991—2000 年东北粮食主产区年平均最高气温

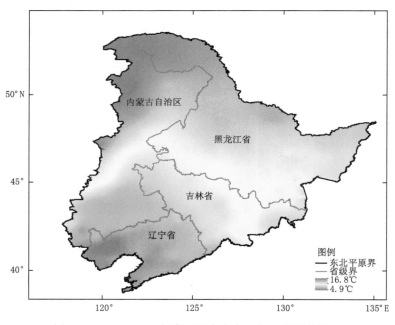

图 2-4　2001—2010 年东北粮食主产区年平均最高气温

3. 年平均最低气温

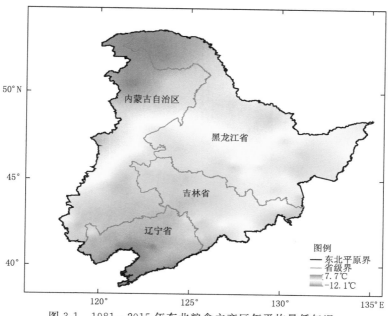

图 3-1   1981—2015 年东北粮食主产区年平均最低气温

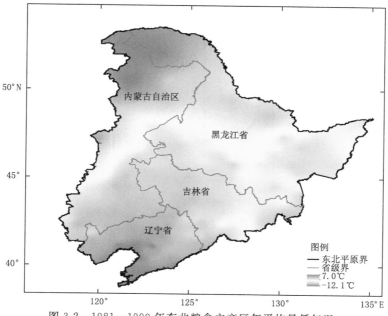

图 3-2   1981—1990 年东北粮食主产区年平均最低气温

图 3-3　1991—2000 年东北粮食主产区年平均最低气温

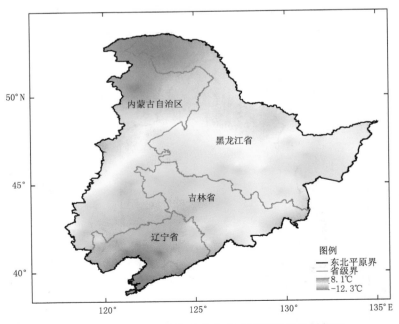

图 3-4　2001—2010 年东北粮食主产区年平均最低气温

4. 年降水量

图 4-1   1981—2015 年东北粮食主产区年降水量

图 4-2   1981—1990 年东北粮食主产区年降水量

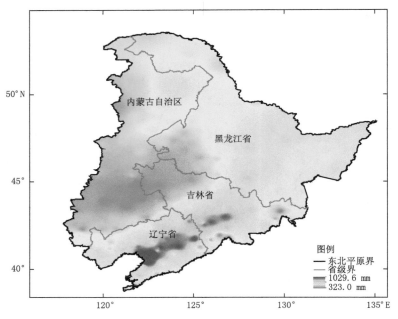

图 4-3　1991—2000 年东北粮食主产区年降水量

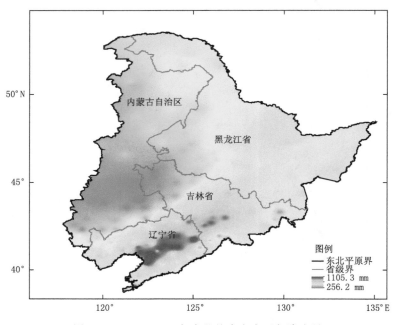

图 4-4　2001—2010 年东北粮食主产区年降水量

5. 年平均地表温度

图 5-1　1981—2015 年东北粮食主产区年平均地表温度

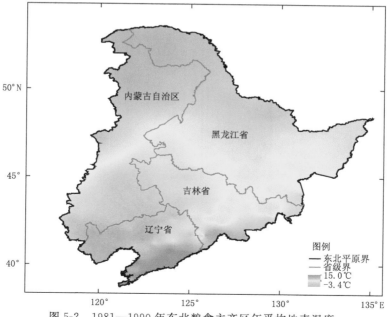

图 5-2　1981—1990 年东北粮食主产区年平均地表温度

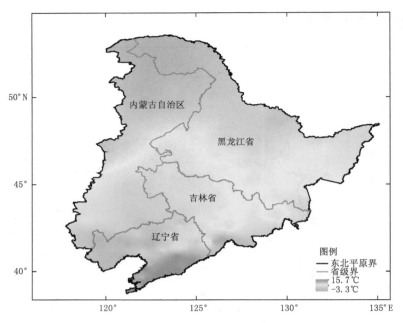

图 5-3　1991—2000 年东北粮食主产区年平均地表温度

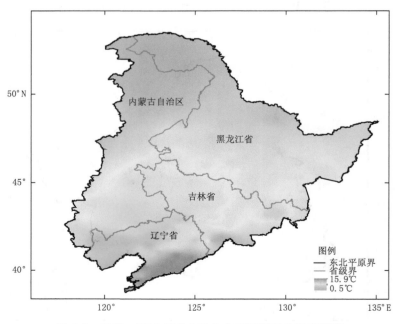

图 5-4　2001—2010 年东北粮食主产区年平均地表温度

6. 年平均最高地温

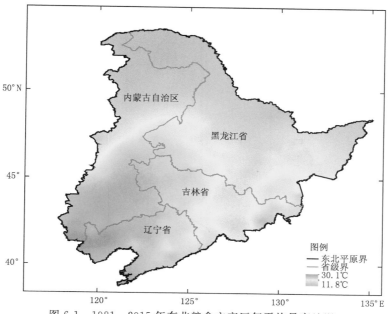

图 6-1　1981—2015 年东北粮食主产区年平均最高地温

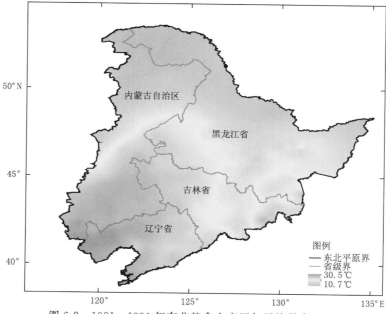

图 6-2　1981—1990 年东北粮食主产区年平均最高地温

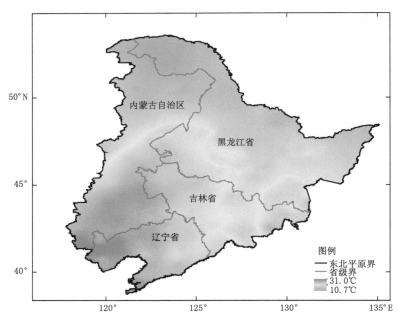

图 6-3　1991—2000 年东北粮食主产区年平均最高地温

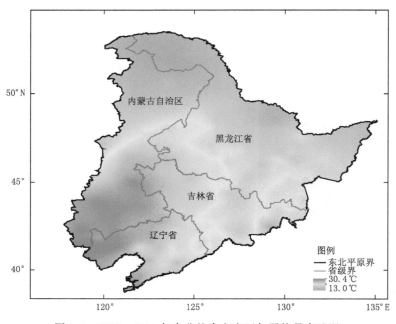

图 6-4　2001—2010 年东北粮食主产区年平均最高地温

7. 年平均最低地温

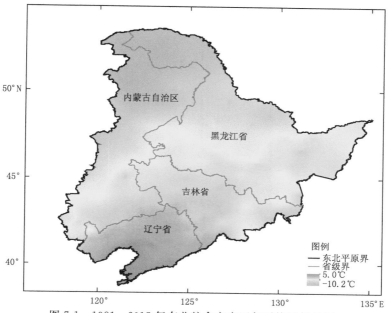

图 7-1 1981—2015 年东北粮食主产区年平均最低地温

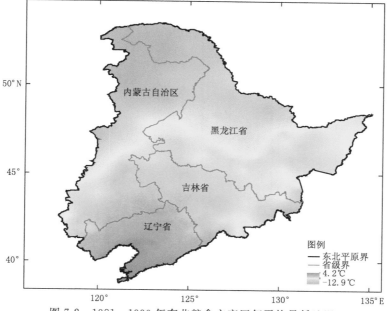

图 7-2 1981—1990 年东北粮食主产区年平均最低地温

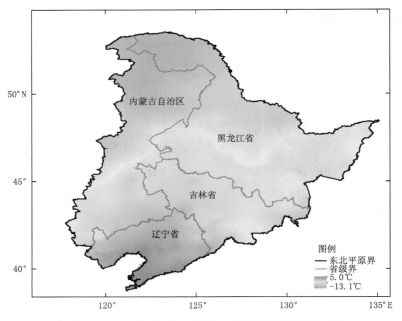

图 7-3　1991—2000 年东北粮食主产区年平均最低地温

图 7-4　2001—2010 年东北粮食主产区年平均最低地温

8. 年日照时数

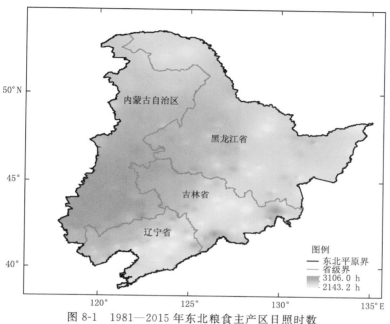

图 8-1　1981—2015 年东北粮食主产区日照时数

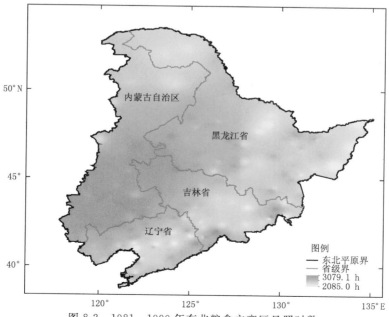

图 8-2　1981—1990 年东北粮食主产区日照时数

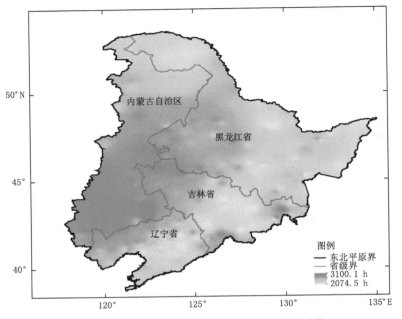

图 8-3　1991—2000 年东北粮食主产区日照时数

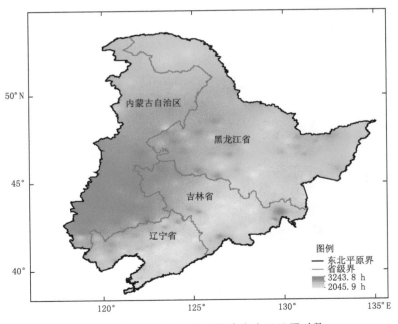

图 8-4　2001—2010 年东北粮食主产区日照时数

9. 年平均相对湿度

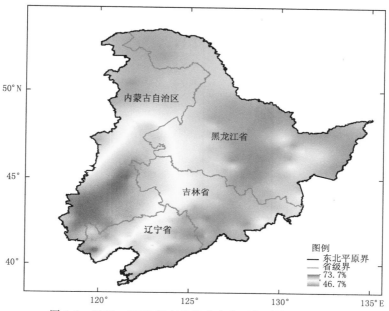

图 9-1 1981—2015 年东北粮食主产区年平均相对湿度

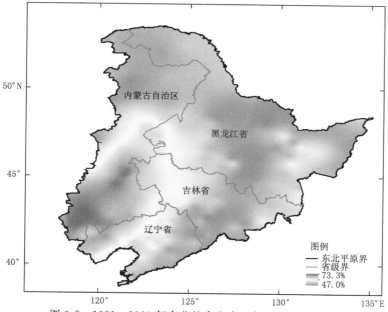

图 9-2 1981—1990 年东北粮食主产区年平均相对湿度

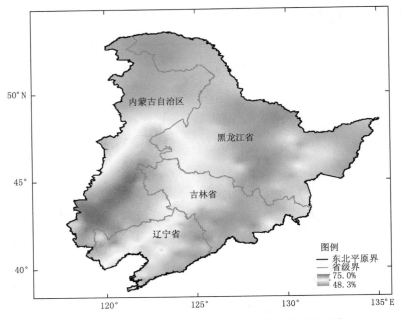

图 9-3　1991—2000 年东北粮食主产区年平均相对湿度

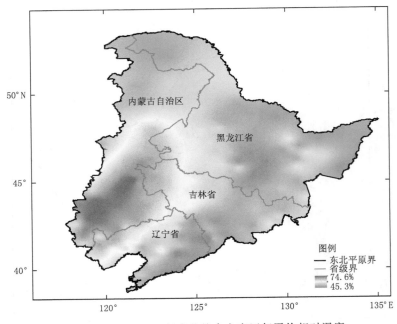

图 9-4　2001—2010 年东北粮食主产区年平均相对湿度

10. 年最小相对湿度

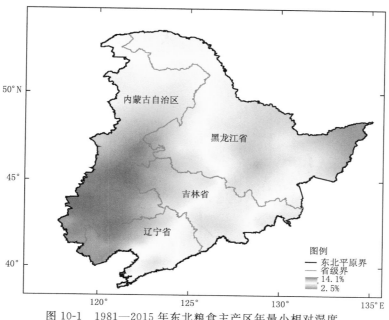

图 10-1   1981—2015 年东北粮食主产区年最小相对湿度

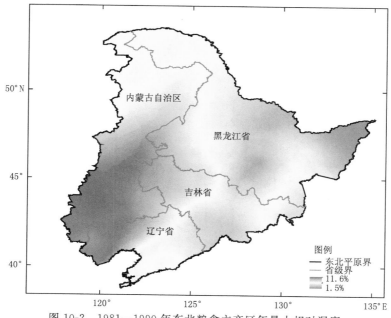

图 10-2   1981—1990 年东北粮食主产区年最小相对湿度

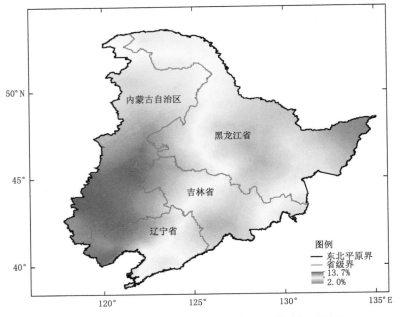

图 10-3　1991—2000 年东北粮食主产区年最小相对湿度

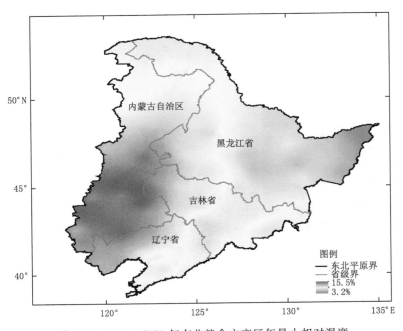

图 10-4　2001—2010 年东北粮食主产区年最小相对湿度

11. 年平均风速

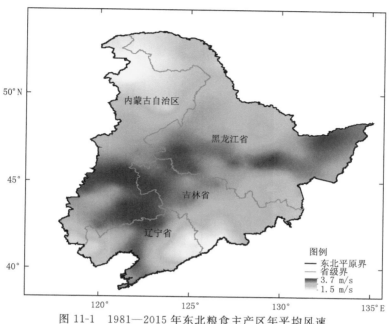

图 11-1　1981—2015 年东北粮食主产区年平均风速

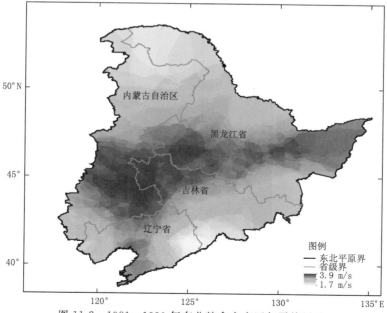

图 11-2　1981—1990 年东北粮食主产区年平均风速

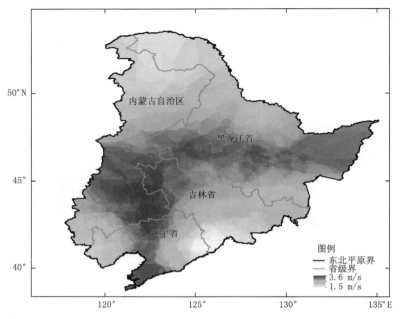

图 11-3　1991—2000 年东北粮食主产区年平均风速

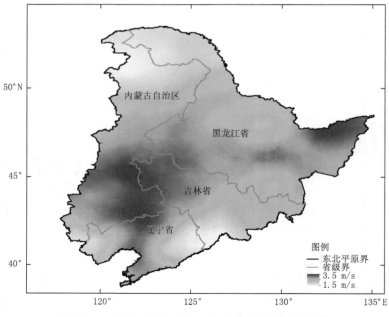

图 11-4　2001—2010 年东北粮食主产区年平均风速

12. 年极端最高气温

图 12-1　1981—2015 年东北粮食主产区年极端最高气温

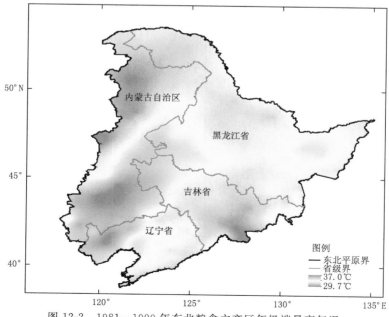

图 12-2　1981—1990 年东北粮食主产区年极端最高气温

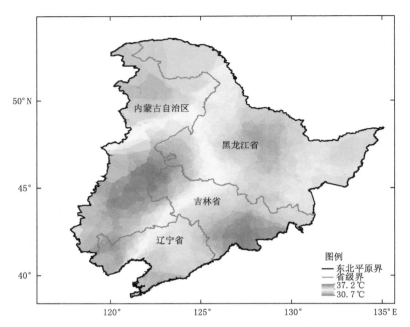

图 12-3　1991—2000 年东北粮食主产区年极端最高气温

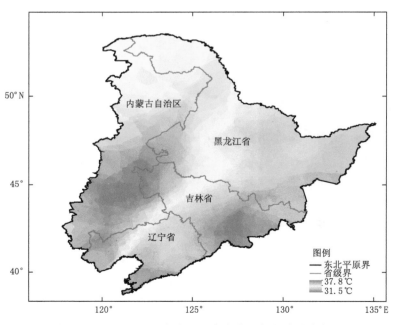

图 12-4　2001—2010 年东北粮食主产区年极端最高气温

13. 年极端最低气温

图 13-1 1981—2015 年东北粮食主产区年极端最低气温

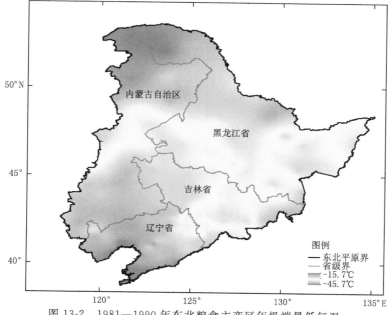

图 13-2 1981—1990 年东北粮食主产区年极端最低气温

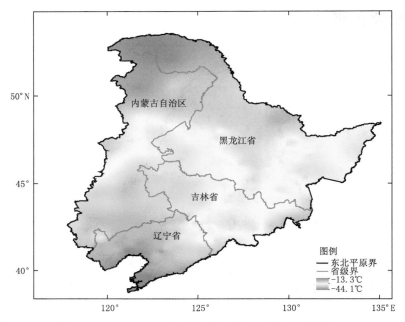

图 13-3　1991—2000 年东北粮食主产区年极端最低气温

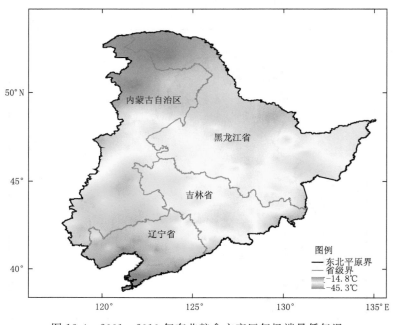

图 13-4　2001—2010 年东北粮食主产区年极端最低气温

14. 年极端最高地温

图 14-1　1981—2015 年东北粮食主产区年极端最高地温

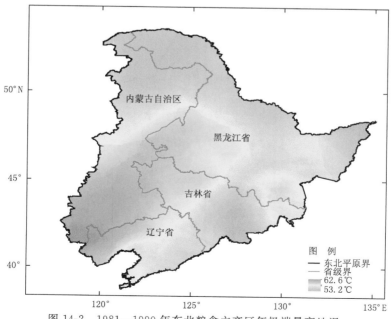

图 14-2　1981—1990 年东北粮食主产区年极端最高地温

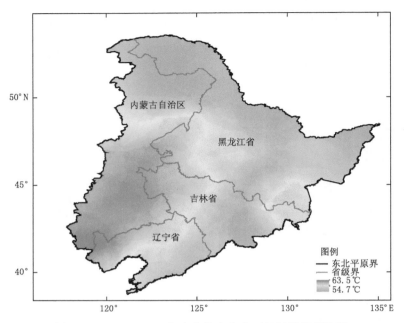

图 14-3　1991—2000 年东北粮食主产区年极端最高地温

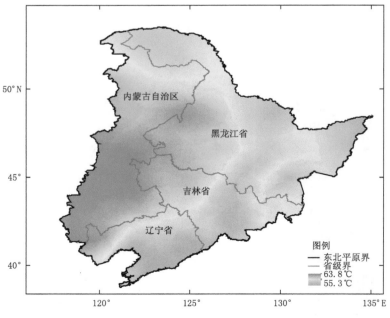

图 14-4　2001—2010 年东北粮食主产区年极端最高地温

15. 年极端最低地温

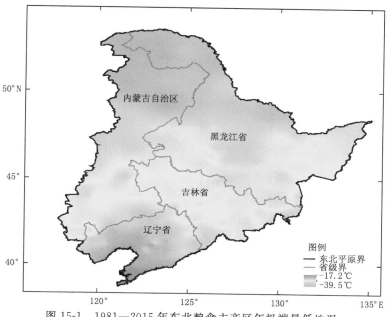

图 15-1　1981—2015 年东北粮食主产区年极端最低地温

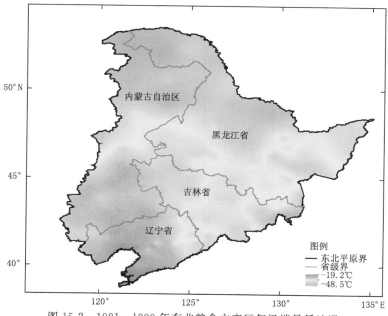

图 15-2　1981—1990 年东北粮食主产区年极端最低地温

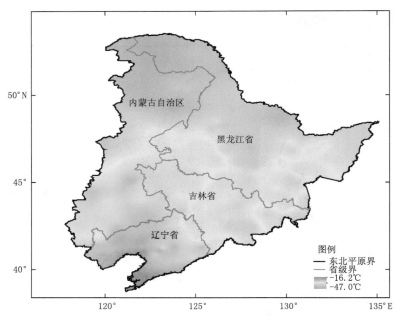

图 15-3　1991—2000 年东北粮食主产区年极端最低地温

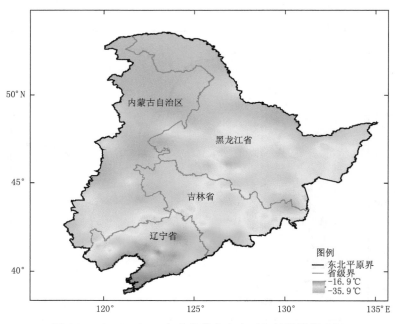

图 15-4　2001—2010 年东北粮食主产区年极端最低地温

16. 高温日数

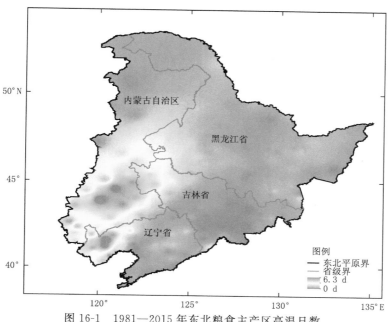

图 16-1 1981—2015 年东北粮食主产区高温日数

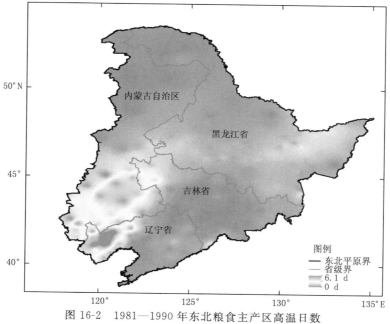

图 16-2 1981—1990 年东北粮食主产区高温日数

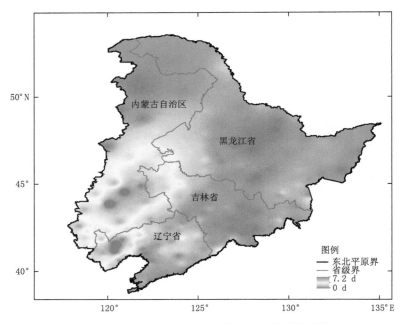

图 16-3　1991—2000 年东北粮食主产区高温日数

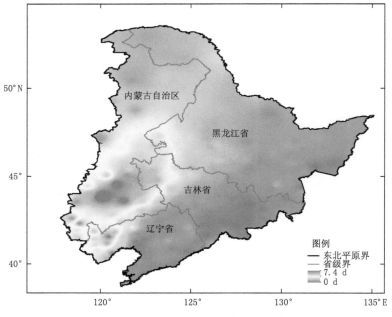

图 16-4　2001—2010 年东北粮食主产区高温日数

17. 低温日数

图 17-1　1981—2015 年东北粮食主产区低温日数

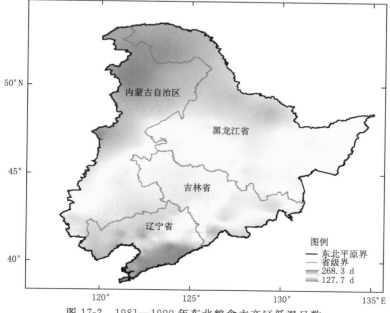

图 17-2　1981—1990 年东北粮食主产区低温日数

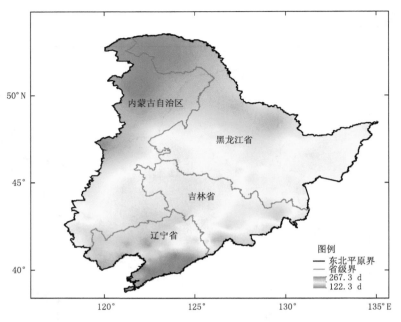

图 17-3　1991—2000 年东北粮食主产区低温日数

图 17-4　2001—2010 年东北粮食主产区低温日数

18. 暴雨日数

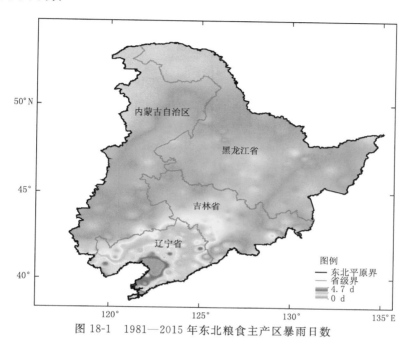

图 18-1　1981—2015 年东北粮食主产区暴雨日数

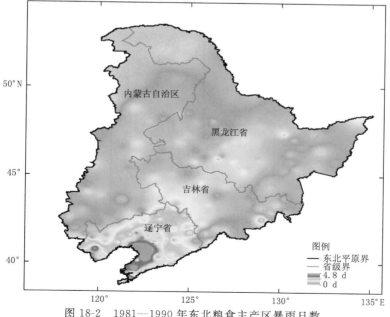

图 18-2　1981—1990 年东北粮食主产区暴雨日数

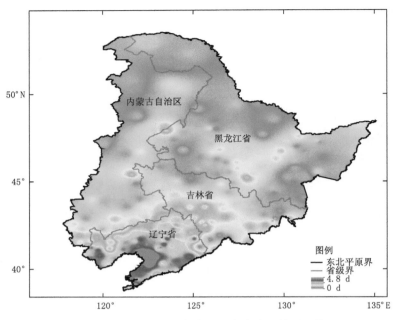

图 18-3　1991—2000 年东北粮食主产区暴雨日数

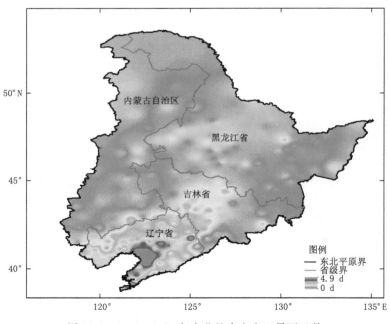

图 18-4　2001—2010 年东北粮食主产区暴雨日数

19. 大风日数

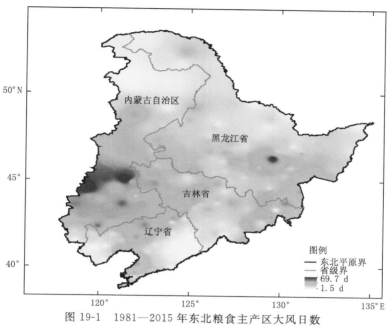

图 19-1　1981—2015 年东北粮食主产区大风日数

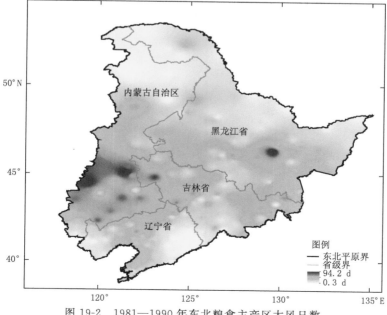

图 19-2　1981—1990 年东北粮食主产区大风日数

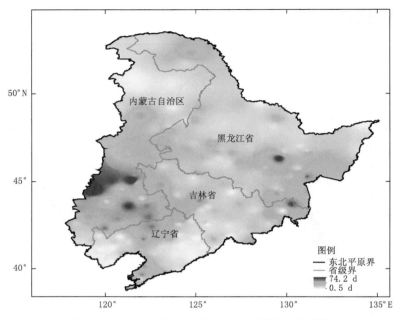

图 19-3　1991—2000 年东北粮食主产区大风日数

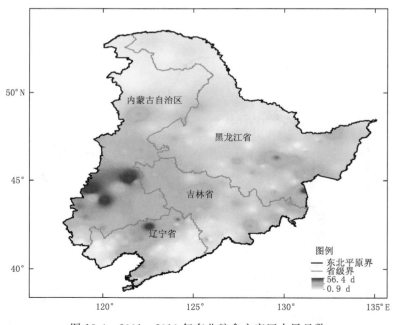

图 19-4　2001—2010 年东北粮食主产区大风日数

20. 晴天日数

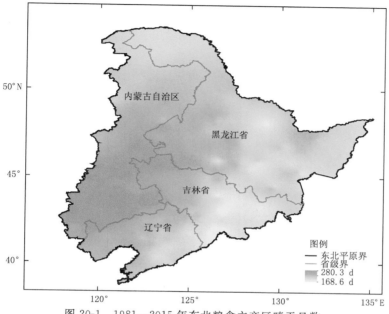

图 20-1 1981—2015 年东北粮食主产区晴天日数

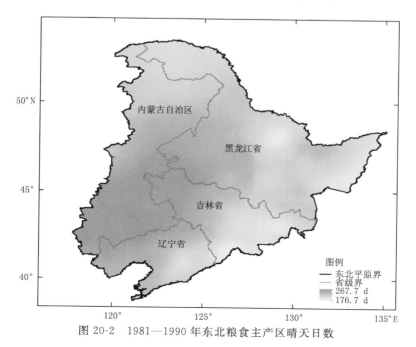

图 20-2 1981—1990 年东北粮食主产区晴天日数

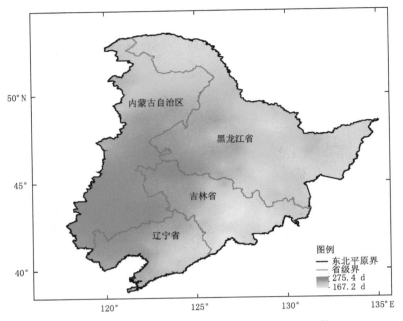

图 20-3　1991—2000 年东北粮食主产区晴天日数

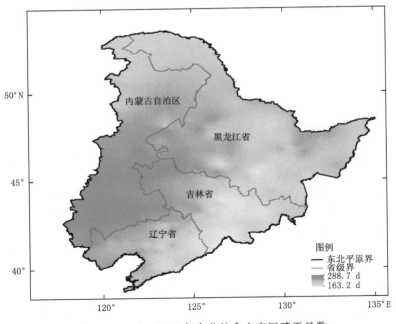

图 20-4　2001—2010 年东北粮食主产区晴天日数

21. 寡照日数

图 21-1 1981—2015 年东北粮食主产区寡照日数

图 21-2 1981—1990 年东北粮食主产区寡照日数

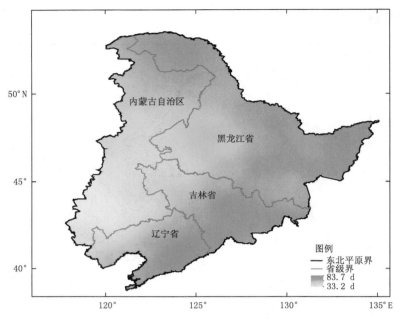

图 21-3　1991—2000 年东北粮食主产区寡照日数

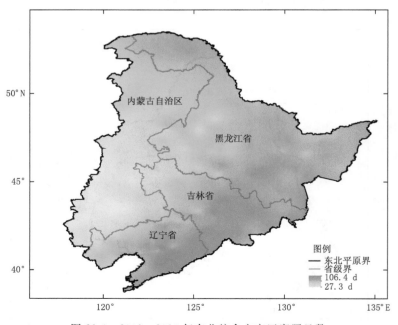

图 21-4　2001—2010 年东北粮食主产区寡照日数

22. 稳定通过 0℃ 积温

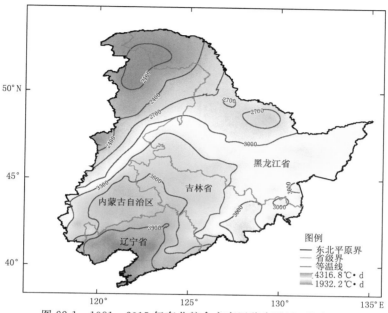

图 22-1 1981—2015 年东北粮食主产区稳定通过 0℃ 积温

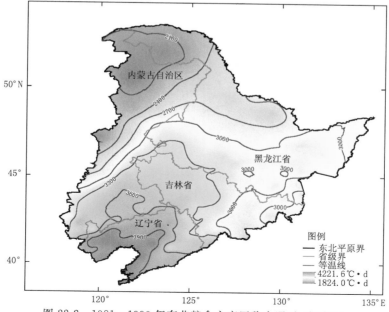

图 22-2 1981—1990 年东北粮食主产区稳定通过 0℃ 积温

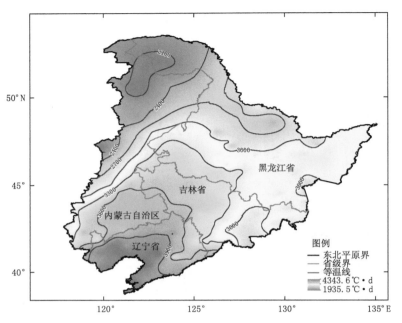

图 22-3　1991—2000 年东北粮食主产区稳定通过 0℃积温

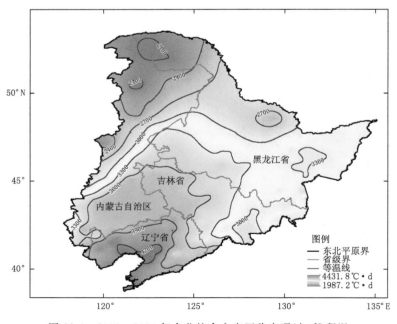

图 22-4　2001—2010 年东北粮食主产区稳定通过 0℃积温

23. 稳定通过 0℃ 持续日数

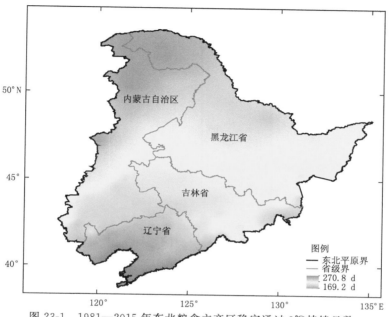

图 23-1 1981—2015 年东北粮食主产区稳定通过 0℃ 持续日数

图 23-2 1981—1990 年东北粮食主产区稳定通过 0℃ 持续日数

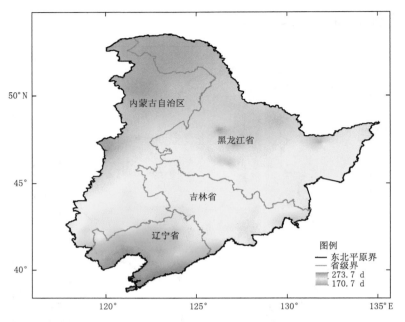

图 23-3 1991—2000 年东北粮食主产区稳定通过 0℃持续日数

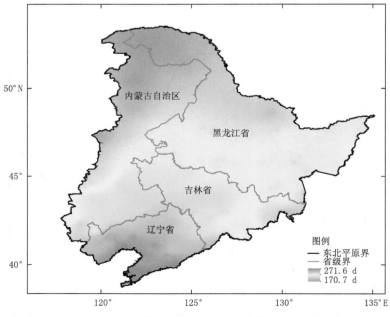

图 23-4 2001—2010 年东北粮食主产区稳定通过 0℃持续日数

24. 稳定通过 5℃ 积温

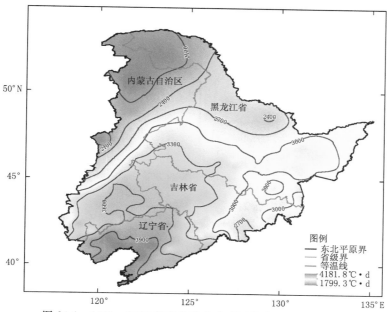

图 24-1　1981—2015 年东北粮食主产区稳定通过 5℃ 积温

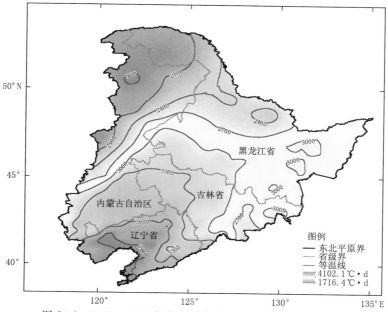

图 24-2　1981—1990 年东北粮食主产区稳定通过 5℃ 积温

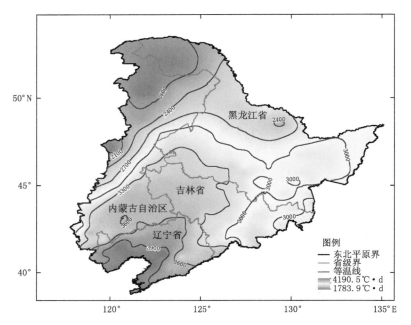

图 24-3　1991—2000 年东北粮食主产区稳定通过 5℃积温

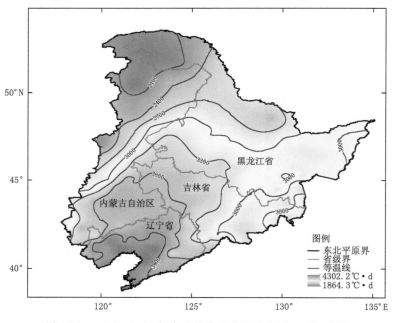

图 24-4　2001—2010 年东北粮食主产区稳定通过 5℃积温

25. 稳定通过 5℃ 持续日数

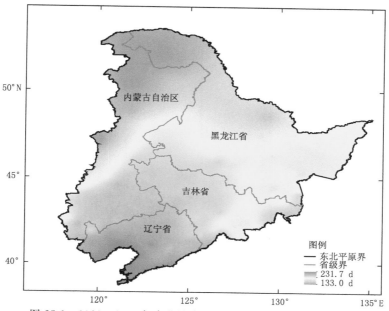

图 25-1　1981—2015 年东北粮食主产区稳定通过 5℃ 持续日数

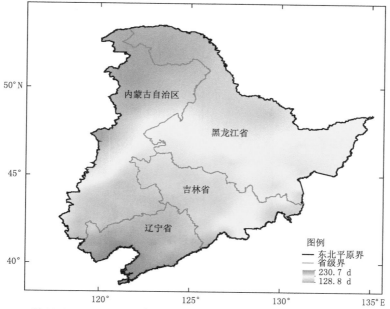

图 25-2　1981—1990 年东北粮食主产区稳定通过 5℃ 持续日数

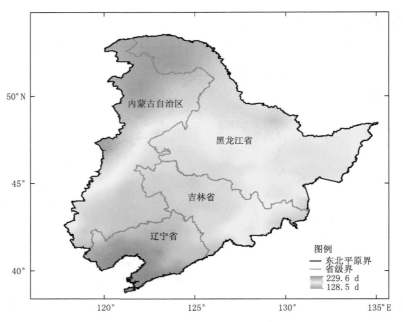

图 25-3　1991—2000 年东北粮食主产区稳定通过 5℃持续日数

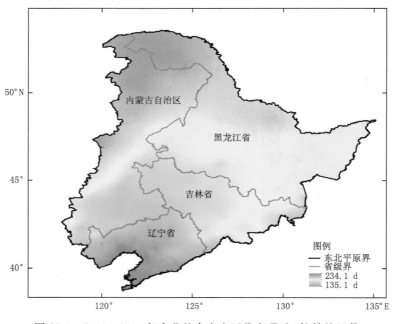

图 25-4　2001—2010 年东北粮食主产区稳定通过 5℃持续日数

26. 稳定通过 10℃积温

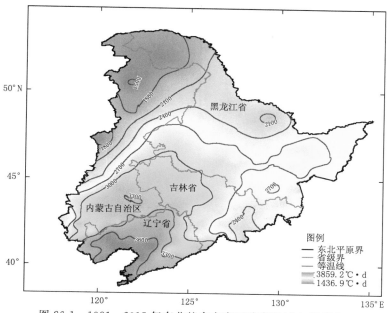

图 26-1　1981—2015 年东北粮食主产区稳定通过 10℃积温

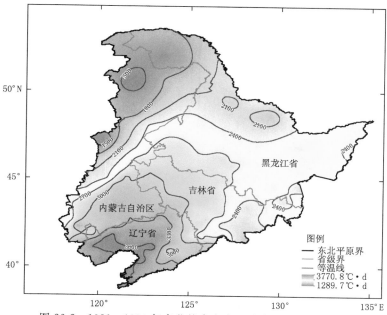

图 26-2　1981—1990 年东北粮食主产区稳定通过 10℃积温

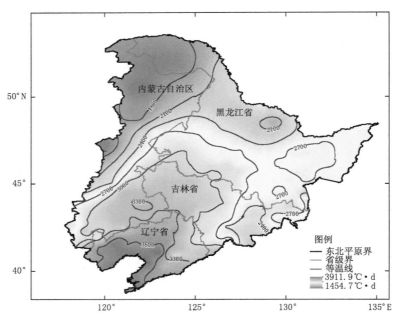

图 26-3　1991—2000 年东北粮食主产区稳定通过 10℃积温

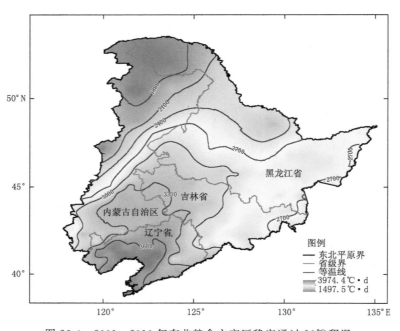

图 26-4　2001—2010 年东北粮食主产区稳定通过 10℃积温

27. 稳定通过 10℃持续日数

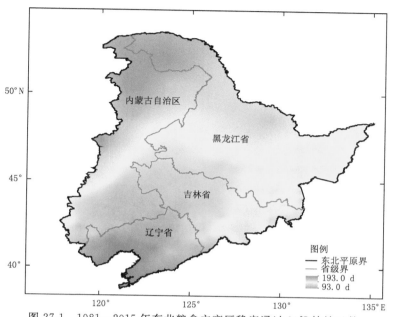

图 27-1　1981—2015 年东北粮食主产区稳定通过 10℃持续日数

图 27-2　1981—1990 年东北粮食主产区稳定通过 10℃持续日数

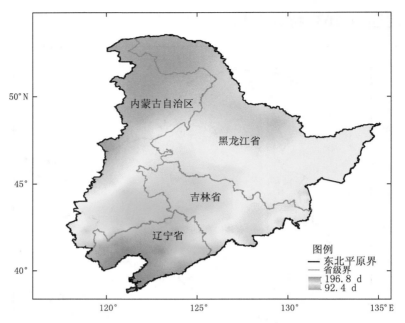

图 27-3　1991—2000 年东北粮食主产区稳定通过 10℃ 持续日数

图 27-4　2001—2010 年东北粮食主产区稳定通过 10℃ 持续日数

28. 稳定通过 15℃积温

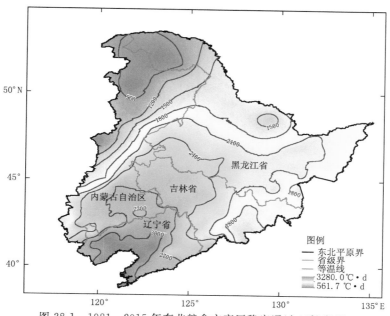

图 28-1　1981—2015 年东北粮食主产区稳定通过 15℃积温

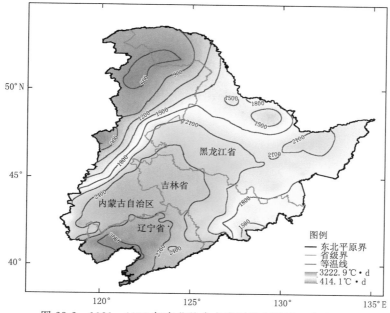

图 28-2　1981—1990 年东北粮食主产区稳定通过 15℃积温

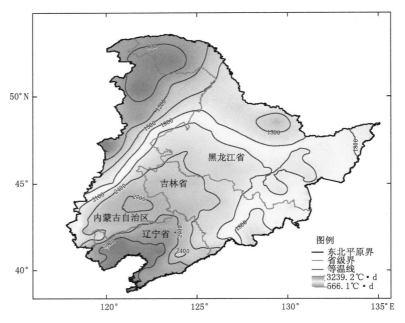

图 28-3　1991—2000 年东北粮食主产区稳定通过 15℃积温

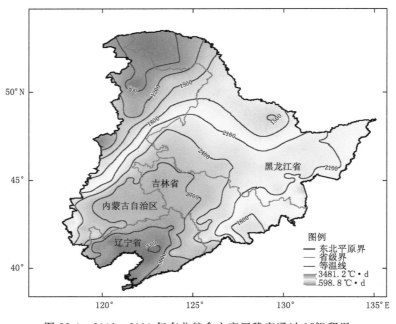

图 28-4　2001—2010 年东北粮食主产区稳定通过 15℃积温

29. 稳定通过 15℃持续日数

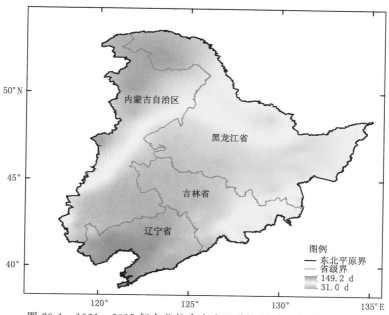

图 29-1   1981—2015 年东北粮食主产区稳定通过 15℃持续日数

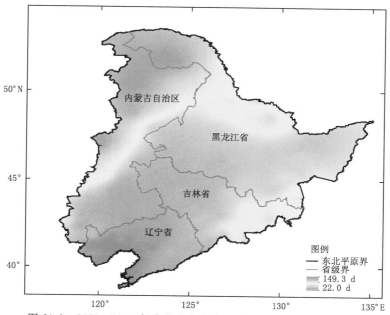

图 29-2   1981—1990 年东北粮食主产区稳定通过 15℃持续日数

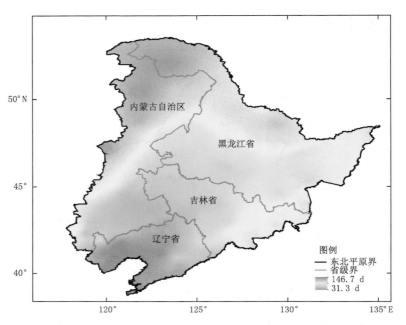

图 29-3　1991—2000 年东北粮食主产区稳定通过 15℃持续日数

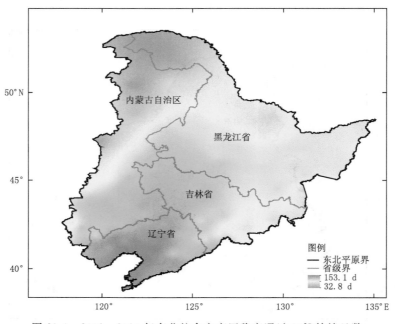

图 29-4　2001—2010 年东北粮食主产区稳定通过 15℃持续日数

30. 稳定通过 20℃积温

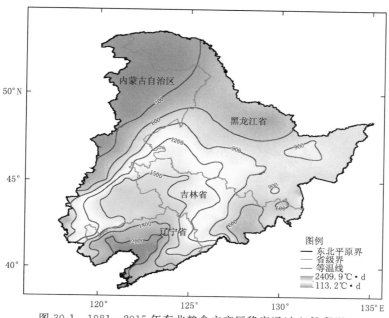

图 30-1 1981—2015 年东北粮食主产区稳定通过 20℃积温

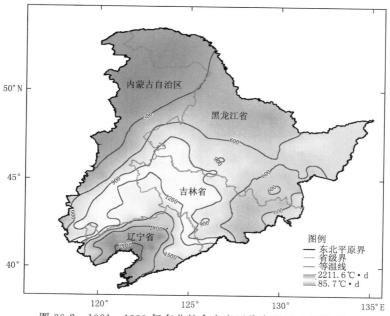

图 30-2 1981—1990 年东北粮食主产区稳定通过 20℃积温

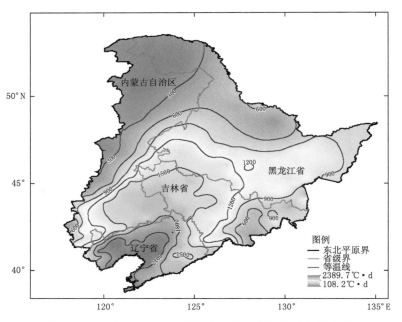

图 30-3　1991—2000 年东北粮食主产区稳定通过 20℃积温

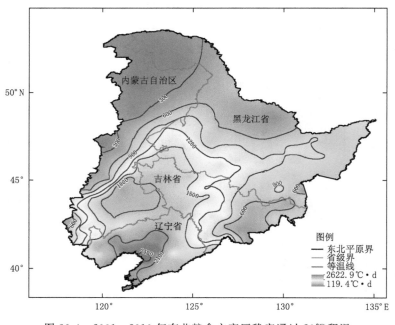

图 30-4　2001—2010 年东北粮食主产区稳定通过 20℃积温

31. 稳定通过 20℃ 持续日数

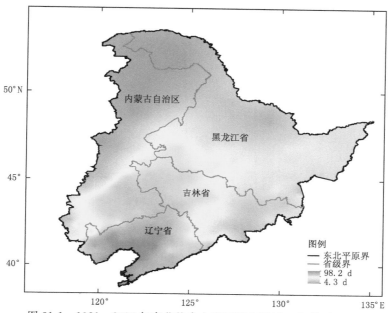

图 31-1 1981—2015 年东北粮食主产区稳定通过 20℃ 持续日数

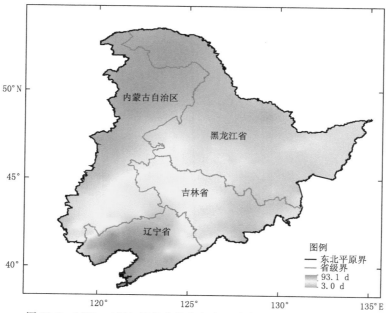

图 31-2 1981—1990 年东北粮食主产区稳定通过 20℃ 持续日数

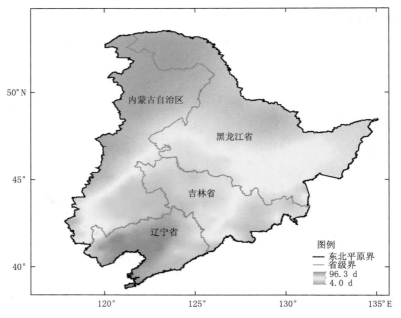

图 31-3　1991—2000 年东北粮食主产区稳定通过 20℃持续日数

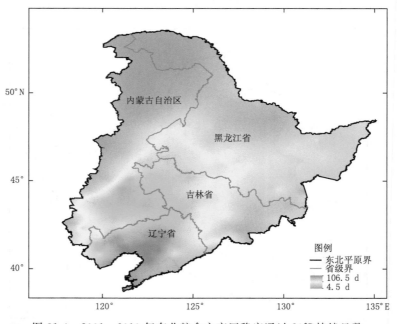

图 31-4　2001—2010 年东北粮食主产区稳定通过 20℃持续日数